SUR LES MÉDIAS SOCIAUX

INFORMATIONS ET MARKETING

By Sandra Hayes

Qu'est-ce que le Social CRM et comment en tirer profit ?

7.

Chapitre :1

La place des médias sociaux dans l'engagement des consommateurs

Tout propriétaire d'entreprise est conscient qu'une interaction réussie avec les clients est essentielle au succès de son entreprise. Parce que les entreprises ne seraient rien sans les clients, il est crucial de les chérir. Pour toute entreprise, grande ou petite, une implication et une communication efficaces sont nécessaires. Dans le passé, il était extrêmement difficile d'établir des relations personnelles avec les clients.

Mais les progrès technologiques récents ont rendu cela beaucoup plus simple, permettant aux entreprises d'établir des relations avec les clients.

Nous savons tous à quel point Internet est devenu important pour notre vie personnelle et professionnelle. Les plateformes de médias sociaux ont gagné en popularité ces dernières années et sont désormais utilisées par les particuliers et les entreprises dans le monde entier. Sur le plan personnel, ces réseaux nous permettent de nous connecter avec nos proches, de partager du contenu et de rester informés des événements. Ils sont incroyablement importants pour l'interaction et la communication avec les consommateurs au niveau de l'entreprise, ce qui les rend vitaux pour les organisations de toutes sortes.

Comment les médias sociaux améliorent la satisfaction et l'engagement des consommateurs »

sociaux peuvent prendre en charge l'implication et les niveaux de satisfaction des clients de diverses manières. Pour cette raison, ils ont gagné une tonne de popularité parmi les entreprises du monde entier. Les médias sociaux facilitent non seulement une connexion et une communication efficaces, mais ils facilitent également la vente de votre entreprise, même avec un budget serré.

Ces plates-formes de médias sociaux peuvent prendre en charge ce type d'engagement de plusieurs façons, notamment :

L'établissement de relations avec les abonnés est possible sur les médias sociaux, ce qui n'est pas possible avec la publicité traditionnelle . .

Faire en sorte que vos abonnés se sentent spéciaux est possible grâce aux médias sociaux .

Offrez des remises et des promotions pour que votre public se sente spécial. Par exemple, si vous possédez une entreprise qui offre des prêts sur salaire, vous pouvez proposer à vos abonnés un tarif spécial pour une brève période. Cela peut même vous aider à gagner de nouveaux abonnés et donner à vos abonnés actuels l'impression que vous les récompensez d'une manière spéciale.

Engager le public : L'un des principaux avantages des médias sociaux est la possibilité d'interagir avec votre public. Vous pouvez obtenir une bonne réponse de votre public et vous engager par la suite avec lui en vous assurant que vos publications sont d'un niveau élevé et pertinentes. Cela peut grandement améliorer l'image de votre entreprise en faisant savoir aux clients que vous êtes plus qu'un simple nom ou logo.

Améliorer la communication : Il est crucial pour votre entreprise que vous communiquiez avec vos clients de manière efficace et efficiente. Votre réputation peut être gravement endommagée par un service client et une réponse médiocres. Donner aux clients la possibilité de vous contacter via les médias sociaux vous permet de leur donner des réponses rapides et efficaces. Votre organisation et vos consommateurs en profiteront, car cela peut également accélérer les processus de votre côté. En termes d'engagement client et de communication, ce sont quelques-uns des principaux avantages que vous pouvez anticiper.

Quels sont les principaux avantages pour votre entreprise ?

Vous gagnerez à utiliser les plateformes de médias sociaux en plus de votre public et de vos clients. Cela profitera également à votre entreprise de nombreuses autres manières. Quels sont alors les avantages pour votre entreprise ? Regardons ceci :

capacité à élargir votre audience et votre base de consommateurs : vous pouvez facilement augmenter votre audience et votre base de consommateurs en utilisant des éléments intrigants et pertinents. Parce que vos abonnés actuels sont plus susceptibles de partager votre contenu, vous pouvez développer votre audience sans dépenser une fortune en publicité.

Avoir la capacité d'améliorer votre réputation :

Les consommateurs préfèrent faire affaire avec des marques bien connues plutôt qu'avec des sociétés inconnues et sans visage. En communiquant avec eux sur les réseaux sociaux, vous pouvez projeter plus que votre nom. Votre réputation en bénéficiera et la communication avec votre public deviendra beaucoup plus importante.

Une méthode de commercialisation rapide et économique sans sans Le réalisant ,

Vous faites la promotion de votre entreprise lorsque vous interagissez avec vos clients sur les réseaux sociaux. Votre marque et votre entreprise seront promues simplement en ayant une présence sur les réseaux sociaux et en vous connectant constamment avec votre public. C'est incontestablement un avantage majeur lorsque vous considérez combien d'argent vous pourriez dépenser pour des moyens alternatifs de marketing. Vous fait gagner du temps et de l'argent sur les communications :

Les méthodes de communication conventionnelles peuvent être coûteuses ou chronophages .

Même l'envoi d'e-mails peut prendre du temps, et les appels téléphoniques et les lettres peuvent être coûteux. Pourtant, la communication sur les réseaux sociaux permet des réactions rapides et immédiates aux clients, en les gardant satisfaits tout en vous faisant gagner du temps et de l'argent. Comme vous pouvez le voir, ce ne sont là que quelques-uns des avantages que vous pouvez tirer de l'utilisation des réseaux sociaux.

Conclusion

Essayez d'employer de nombreux canaux bien connus lorsque vous utilisez les médias sociaux pour l'implication des clients. Ceux-ci peuvent inclure les plateformes de médias sociaux les plus connues comme Facebook, Twitter et Instagram . Bien sûr, vous êtes libre d'en utiliser autant que vous le souhaitez dans l'ordre de votre choix. C'est généralement une bonne idée d'en expérimenter quelques-unes pour déterminer celle qui fonctionne le mieux pour votre entreprise. Ensuite, vous pouvez décider quels sites de réseautage social vous devriez continuer à utiliser à long terme . Les médias sociaux sont un média aussi simple que puissant pour les entreprises, et personne ne devrait sous-estimer son influence. Les résultats que vous pouvez obtenir en utilisant correctement ces plateformes vous étonneront.

Chapitre :2

Un guide des médias sociaux sur la fonction des médias sociaux dans le service client

Le succès de la marque dépend fortement de la qualité de la gestion des canaux de médias sociaux et de la façon dont les relations sont entretenues avec les clients à travers eux. Les médias sociaux ont un impact favorable sur la fidélité à la marque et la connexion, les ventes et les ventes dans une mesure considérable.

Et alors que les plateformes de médias sociaux étaient d'abord principalement destinées à un usage personnel et à la préservation des relations personnelles, avec leur croissance et leur popularité croissante, elles sont devenues un outil important pour créer des communautés autour des marques.

Dans cette section, nous parlerons de l'importance des médias sociaux pour améliorer le service client. Ici, nous vous proposerons un résumé de base avant de devenir plus précis. Quelle est la part des médias sociaux dans la fourniture d'un service client ? L'utilisation des médias sociaux est très importante pour le service client. Les avantages d'avoir une marque facilement accessible via Twitter, Facebook, Youtube et d'autres plates-formes incluent un contact client facile, une interaction sociale engageante, la création d'une marque et une communication généralisée via de nombreux canaux.

C'est très efficace en termes de temps et d'argent du point de vue d'un entrepreneur. De plus, par rapport à l'utilisation d'approches conventionnelles, l'utilisation de sites de réseaux sociaux vous permet d'atteindre un nombre beaucoup plus important de clients . Avec cette méthode de contact, les clients peuvent rapidement entrer en contact avec le service client sans avoir à passer une tonne d'appels téléphoniques inconfortables. En utilisant leurs réseaux sociaux et leur temps social.

Pour offrir aux clients la liberté de choisir leur méthode de contact préférée, il est intéressant pour une entreprise d'utiliser plusieurs plates-formes de médias sociaux à la fois . Canaux médiatiques , ce qui leur permet d'y investir émotionnellement. De plus, parce qu'il est adapté à leurs routines quotidiennes, ils sont plus susceptibles de l'utiliser, garantissant une accessibilité meilleure et plus flexible. L'utilisation d'une telle solution améliorera l'efficacité des efforts dans ce domaine et renforcera la réputation de l'entreprise en matière de commodité et d'engagement social.

des médias sociaux et du service client

Vous aurez l'opportunité d'interagir avec les clients à un niveau qui leur donne l'impression de faire partie de votre récit et les motive à parler de votre entreprise aux autres si vous intégrez les médias sociaux à votre méthodologie de service client . Un changement dans votre façon de penser "Corporate" est l'un des ajustements clés qui doivent être faits afin d'adopter une stratégie de service client efficace. Le service client doit aller au-delà du simple fait de combler les lacunes et de résoudre les nouveaux problèmes ; Au lieu de cela, cela devrait impliquer une anticipation proactive des demandes avant même que les clients ne soient conscients de leur existence .Vous pouvez intégrer votre entreprise à la norme de service client des médias sociaux en utilisant les fonctionnalités répertoriées ci-dessous .

Ouvrir des voies de communication internes aux employés Avoir plus de mal à comprendre comment leurs devoirs et responsabilités affectent l'ensemble de l'entreprise et le consommateur, plus la structure de votre organisation est compliquée. Améliorer la communication entre les employés de votre entreprise leur permettra de mieux comprendre leurs rôles au sein de celle-ci et les problèmes qu'ils sont chargés de résoudre. Pour cette raison, il est avantageux de tenir les membres du personnel informés des politiques qui s'appliquent aux tâches autres que celles qui font partie de leur description de poste. Des réunions et/ou de brèves newsletters internes peuvent être utilisées à cette fin.

Augmentez la valeur et la confiance des employés -

L'entreprise doit avoir confiance en son personnel pour mener ses activités et communiquer avec ses clients. Si vous pensez qu'un travailleur est qualifié pour représenter la marque et offrir un service compétent et axé sur le client. Enfin, en tant que direction, vous devez démontrer cette confiance en donnant aux membres du personnel une certaine latitude pour interagir avec les clients et parler au nom de l'entreprise. Le client veut et d'où il vient. Faire des remarques positives, des griefs ou des idées de marque et les partager avec les employés de l'entreprise est une pratique intelligente . De plus, il est important d'ouvrir une porte aux membres du personnel et aux départements pour partager des idées sur la façon de résoudre un problème spécifique.

Cela donne à chaque employé la chance d'en savoir plus sur le client et ses exigences.

Chapitre :3

Comment acquérir des clients sur les réseaux sociaux ?

Reconnaissance de la marque

- Il est difficile pour quelqu'un d'acheter l'un de vos produits ou d'utiliser vos services s'il ne connaît pas votre entreprise. Le défi initial pour quiconque essaie d'attirer des clients potentiels en ligne est de leur faire prendre conscience que votre marque existe même. Pourtant, c'est aussi la première étape du développement de connexions à long terme. Construire la notoriété de la marque est un processus à long terme qui vise à attirer de plus en plus de nouveaux clients tout en améliorant l'image. Pourtant, vous devriez également vous soucier des personnes qui connaissent mieux votre marque, d'abord et avant tout en vous assurant qu'elles ne vous oublient pas. Deuxièmement, lorsque vous offrez des informations utiles, il vaut la peine de dépenser dans des webinaires, des formations ou des livres électroniques, car ils génèrent généralement plus de revenus.

Engagement: Vous pouvez vous considérer à mi-chemin si l'acheteur connaît votre marque. Pour terminer tout le cycle de sa quête, il reste encore beaucoup à faire. Dans la grande majorité des modèles commerciaux, le parcours du client avec la marque commence par une période d'essai gratuite, un échantillon de produit, un code de réduction, etc. Même si l'achat est effectué au prix fort, vous pouvez toujours le considérer comme le premier chapitre. D'un voyage plus long (de préférence infini !) Avec les produits que vous proposez.

Fournissez un matériel précieux et de haute qualité que les consommateurs trouveront attrayant. "

Comment les médias sociaux peuvent-ils booster les ventes ?

Vous devez être prêt à utiliser les médias sociaux pour le service client si vous souhaitez utiliser les médias sociaux pour améliorer les ventes à long terme.

Déjà, de nombreuses entreprises de commerce électronique utilisent Instagram et Facebook pour informer en profondeur les clients potentiels tout en réalisant des ventes. Les réseaux sociaux peuvent être utiles tout au long du processus de vente. Malheureusement, leur travail se termine souvent par une augmentation du trafic et de l'exposition au site Web. Mais , ils peuvent offrir des capacités complètes qui vont au-delà de la sensibilisation et peuvent vous aider à renforcer chaque étape qu'un consommateur prend pour effectuer un achat.

Utilisation des médias sociaux pour les entreprises

Avoir un dialogue qui favorise la loyauté et la confiance ; En répondant en temps opportun, vous démontrerez aux clients qu'ils peuvent compter sur votre aide et votre assistance compétente. En outre, non seulement le demandeur, mais également d'autres personnes intéressées par le sujet en question peuvent utiliser votre réponse. Les plates-formes de réseaux sociaux vous demandent donc de participer à des discussions afin de promouvoir les ventes, et vous devriez .

Utiliser Messenger - Pour vos clients, envoyer des messages privés à votre entreprise sur les réseaux sociaux est déjà courant. Cette méthode plaît le plus à de nombreuses personnes, car elles peuvent contacter l'entreprise chaque fois que cela leur convient sans avoir à se déconnecter de Facebook .

Si vous les encouragez à utiliser cette stratégie et que vous formez vos clients à poser des questions sur ce support, de nombreuses conversations potentiellement "inconfortables" resteront privées. Facebook Messenger a l'avantage supplémentaire d'être une chaîne privée.

- **Gérer les avis** - Les avis et recommandations des utilisateurs sont un autre facteur qui augmente la légitimité de votre marque à leurs yeux. Comme vous le savez, les opinions des consommateurs affectent grandement les choix d'achat des autres clients potentiels.

Encouragez vos clients satisfaits à fournir une brève évaluation s'ils l'ont déjà fait. Les gens aiment exprimer leurs idées et partager leurs expériences, il n'est donc pas nécessaire qu'il s'agisse d'une évaluation longue ou officielle.

Service client Facebook

De nos jours, les sites Web de réseaux sociaux sont utilisés pour une grande partie de la communication en ligne. Facebook Messenger est une plate-forme très appréciée. Elle fonctionne bien pour interagir avec les clients. En outre, il a une énorme base d'utilisateurs et un bon taux de disponibilité. Vous serez en mesure de simplifier l' organisation des communications d'affaires, des commentaires et des opinions à l'aide d'une Commbox unique Module.Cette solution permet de répondre plus rapidement aux demandes des clients, ce qui est important pour favoriser une perception favorable de l'entreprise

Facebook permet de communiquer avec les clients à la fois via la messagerie et via la propre page de fans de l'entreprise. Les clients peuvent publier leurs avis sur l'entreprise ici. En outre, c'est un endroit idéal pour la publicité commerciale. Vous attirerez probablement plus de clients et aurez l'opportunité d'améliorer la réputation de l'entreprise en publiant le contenu sur la page des fans . Le module Facebook de Commbox simplifie la liaison des pages Facebook au système. Vous pouvez interagir avec et contrôler toutes les publications de vos clients et de votre propre page, les publications sur le mur et la chronologie, les goûts, les commentaires, les réactions, les mentions et les critiques en temps réel. Vous pouvez même gérer les publications sombres (annonces qui n'apparaissent pas sur votre journal) !

Instagram , un outil utile pour le service client

L'utilisation de la plateforme Instagram est une alternative remarquable. Ce portail permet l'engagement direct des clients par le biais de messages et de commentaires en plus de la distribution de contenu marketing.

Les informations partagées sur Instagram sont également améliorées avec des photos intrigantes ; Des images accrocheuses attirent de nouveaux clients et peuvent améliorer la réputation d'une marque. Vous pouvez connecter vos comptes Instagram avec la Commbox Module Instagram , surveillez les commentaires de vos clients sur Instagram et répondez-leur directement depuis la boîte de réception intelligente. Grâce à cela, vous serez en mesure d' optimiser et d'améliorer la communication avec vos clients

Service client Twitter

Twitter est utilisé par de plus en plus d'entreprises pour des initiatives de service client. N'oubliez pas de répondre rapidement et à toutes les questions. Vous pouvez augmenter le nombre de consommateurs potentiels qui voient les informations que vous publiez sur cette plateforme en sélectionnant les mots-clés appropriés.

Avec l'aide du module Twitter de Commbox , vous pouvez gérer efficacement vos comptes Twitter, tweeter directement depuis la boîte de réception intelligente et répondre aux tweets, mentions et messages directs des clients.

Comment pouvez-vous utiliser Youtube pour atteindre votre public ?

Youtube est un autre excellent instrument de promotion des affaires . L'utilisation de cette stratégie vous aidera à atteindre un public large et en expansion. Vous pouvez également utiliser la plate-forme pour publier des guides et d'autres contenus qui vous aideront à résoudre les problèmes que vos clients ont soulevés . Boîte de communication L'application Youtube permet un contrôle rapide et facile de votre chaîne Youtube , des téléchargements vidéo directs depuis le panneau d'administration, ainsi que l'affichage et la réponse aux commentaires des clients. Commbox , votre meilleur partenaire en matière de service client.

plateformes de réseaux sociaux les plus populaires et les plus efficaces sont entièrement intégrées aux modules Commbox . Son utilisation peut accélérer le traitement des demandes individuelles et faciliter la communication avec les consommateurs, qui sont tous deux des éléments cruciaux d'un bon service client.

En utilisant les médias sociaux et la plate-forme Commbox , vous pouvez rapidement donner à vos consommateurs un accès au support client 7 jours sur 7, 24 heures sur 24.

Les consommateurs pourront facilement envoyer des questions, et un profil attrayant sur chaque portail améliorera sans aucun doute la perception de votre entreprise et incitera les clients potentiels à utiliser ses services

Chapitre :**4**

Comment démarrer une entreprise sociale en 10 étapes

1 : **Faites** vos devoirs

Ne vous inquiétez pas si vous ne savez pas ce qu'est une entreprise sociale, vous n'êtes pas le seul. Lorsque les entrepreneurs sociaux utilisent le mot pour décrire leurs entreprises, ils sont habitués à recevoir des regards vides.

Heureusement, il existe une mine de connaissances à votre disposition. Dans

En plus des divers outils que nous pouvons fournir, nous vous conseillons de consulter la foire aux questions sur le site Web de Social Enterprise UK, qui est la principale pom-pom girl de l'industrie. La Foundation For Ethical Entrepreneurs Unltd comprend également une section d'apprentissage avec une tonne de conseils pour vous aider à démarrer.

2 : Déterminez votre marché.

Les entreprises, les entreprises sociales vendent un service ou un produit pour générer des revenus. Même si vous êtes incroyablement passionné par la résolution d'un problème social, votre entreprise ne durera pas si elle ne parvient pas à joindre les deux bouts.

Réfléchissez donc attentivement : qui achètera ce que vous proposez ? Entrez-vous dans un marché occupé ? À quoi ressemble la concurrence et comment vous démarquez-vous de la foule ? Vous aurez besoin d'acheteurs, que vous vous référiez à eux en tant que clients ou clients, alors étudiez soigneusement le marché dans lequel vous entrez et soyez honnête avec vous-même quant à savoir s'il y a ou non un vide que vous pourriez combler .

3. Demander des conseils

L'état d'esprit des entrepreneurs sociaux est assez tribal. Ils peuvent être aussi fervents à convertir les sceptiques qu'un politicien pendant une saison électorale, heureux d'avoir découvert une meilleure façon de faire des affaires. Donc, s'ils ont le temps, ils sont généralement heureux de partager leurs débuts avec vous. Pour réussir, les entrepreneurs sociaux déploient beaucoup d'efforts. Rendez les choses simples pour eux. Il leur sera difficile de refuser si vous leur demandez s'ils ont 15 minutes pour un café (le déjeuner prend trop de temps) et que vous allez ensuite vers eux. L'avenir? Vous pourriez même trouver un mentor pour vous-même .

4. Avoir une mission sociale claire en tant qu'entreprise sociale ,

Vous serez fréquemment interrogé sur votre objectif. Qui vous distingue des autres. Les clients vous compareront à des alternatives moins éthiques et les investisseurs voudront être sûrs qu'ils investissent dans le changement social. Vous pourriez même rencontrer quelques journalistes curieux qui veulent s'assurer que vous n'êtes pas simplement du greenwashing à des fins lucratives . En outre, vous devez spécifier votre objectif social dans les documents que vous soumettez à Companies House afin de satisfaire le régulateur si vous souhaitez configurer votre Entreprise en tant que société d'intérêt communautaire (un type typique d'entreprise sociale). Testez votre argumentaire d'ascenseur pour voir si votre objectif social est simple à saisir et clair.

5 :Calculer les finances.

Comment votre entreprise sociale sera-t-elle financée ? N'abandonnez pas si vous ne disposez pas d'une grosse somme d'argent de démarrage. Si votre idée est suffisamment convaincante, un certain nombre d' organisations sont disposées à apporter une contribution financière pour aider votre entreprise à démarrer. Voici notre guide pour lever des capitaux de démarrage.

Planifiez également vos finances. Quels coûts, tels que les achats de matériel ou la location d'espace de bureau, devrez-vous faire pour gérer votre entreprise ? Combien devriez-vous facturer pour vos services ?

Tenez compte de vos cercles sociaux si vous manquez de confiance en vos compétences en comptabilité ; Un conseiller, un directeur financier ou un comptable peut être présent. Nous avons fourni quelques conseils sur la façon de commencer à gérer vos finances. Inspire2Enterprise, un service de soutien pour les entrepreneurs sociaux, a également des conseils utiles à ce sujet, nous l'avons découvert .

6. Rendez-le légal

Les structures juridiques des entreprises sociales peuvent initialement sembler peu claires. Il est crucial d'examiner attentivement la façon dont vous créez votre entreprise sociale, car cela peut avoir un impact sur votre salaire potentiel (sous forme de dividendes si l'entreprise est structurée en actions), le type d'investissement que vous êtes autorisé à recevoir et votre personnel

. Responsabilité financière en cas d'échec de l'entreprise. Il existe de nombreux cabinets d'avocats qui fournissent des conseils aux entrepreneurs sociaux malgré le jargon compliqué. Anthony Collins, l'un d'entre eux, a offert un guide gratuit sur le site Web de Good Finance. À ce sujet, le site Web du gouvernement britannique est également très utile

7. Commencez à vous montrer

Comment les clients potentiels vont-ils vous trouver ? Et avec votre marketing, que voulez-vous que les gens pensent de votre produit ?

Avoir un site Web est la première étape évidente à l'ère numérique. Si l'embauche d'un designer est hors de votre fourchette de prix, vous pouvez encore accomplir beaucoup en utilisant des services de création de site Web conviviaux comme Squarespace et Wix . Vous n'avez pas besoin d'expertise technologique. Une méthode gratuite d'acquisition de clients est proposée par les médias sociaux. En raison de leur objectif d'apporter des changements positifs, les entreprises sociales ont des histoires fascinantes à partager, et la variété des plateformes de médias sociaux disponibles offre une myriade d'opportunités pour le faire. Mais attention à ne pas vous surmener. Commencez par identifier le site de médias sociaux où votre public cible passe le plus de temps.

8. Rédigez votre plan d'affaires

Un plan d'affaires existe pour répondre à toutes les questions qui pourraient être posées sur votre entreprise. Et, pour dire l' évidence, c'est un plan - un endroit où tous vos remue-méninges sur la façon de faire fonctionner cette chose peuvent être stockés afin que vous puissiez y accéder quand quelque chose ne va pas (comme ils le feront inévitablement à un moment donné). Même si vous ne pensez pas que c'est génial, tous ceux qui s'intéressent à votre entreprise, en particulier les investisseurs, demanderont à voir votre plan d'affaires. Vous pouvez trouver de beaux exemples en effectuant une recherche rapide sur Internet. Nous avons fourni quelques instructions pour vous tenir la main . De plus, The Princes Trust contient des données utiles . .

9. **Prouvez que** vous faites une différence

Selon la nature de votre entreprise, déterminer votre impact peut être difficile. Par exemple, comment évalueriez-vous une amélioration de la santé mentale ? Mais, les données d'impact peuvent être utilisées pour évaluer l'efficacité de votre entreprise et, si ce n'est pas le cas, pour informer des améliorations nécessaires. Si vous avez mesuré et que vous voyez du succès, c'est formidable pour le marketing et pour attirer les investisseurs - votre idée fonctionne ! Notre essai sur les avantages de mesurer votre impact social est un bon point de départ.

10. Pensez à étudier avec nous

Chaque année, nous assistons plus de 1 000 leaders du changement social.

Nous organisons des cours plus courts qui abordent des problèmes tels que la mise en réseau efficace et la résolution des conflits. Nos programmes plus longs abordent les principes fondamentaux de la création d'une entreprise sociale .

Chapitre :5

Signification, types, rôles et responsabilités des membres de l'environnement social

L'environnement social est le groupe restreint de personnes et d'organisations avec lesquelles une personne interagit. Tels que les traditions, le jargon, les mœurs sociales, l'habillement, les groupes sociaux primaires et secondaires, les organisations religieuses, politiques, éducatives et économiques . Social Organisations Les organisations sociales sont des individus bien organisés avec Modèles interpersonnels reconnaissables . .

1. Groupe initial
   Types de groupes sociaux

2. Groupe supplémentaire

Premier groupe

Ceci est utilisé pour décrire les personnes qui ont un lien plus étroit à travers le temps .

Le groupe d'âge familial, le groupe de pairs et les groupes de parenté sont quelques exemples de groupes primaires .

Caractéristiques du groupe majeur

La communication face à face a lieu dans n'importe quelle situation . ·La population est petite ·Les membres du groupe ont un fort sentiment de loyauté ·Ils sont émotionnellement dédiés les uns aux autres. Ils remplissent une variété de fonctions .

La famille est la principale unité sociale.

Une famille est un groupe d'individus liés par le sang ou l'adoption.

La maison est le premier cadre social dans lequel un enfant apprend la morale et sa place dans la société à travers des modèles

Types de familles

Famille mono-parentale

Une grande famille

Le père, la mère et les enfants constituent une famille nucléaire .

Il peut être monogame, ce qui signifie que l'homme, sa femme et leurs enfants forment la famille. Il peut également être polygame, ce qui signifie que le mâle, plusieurs épouses et la progéniture forment la famille .

Lorsque des parents tels que des oncles, des grands-parents et des tantes résident dans la même maison ou le même complexe que la famille nucléaire, on parle de famille élargie .

· Les forums familiaux supplémentaires incluent:

·**Famille d'accueil :** il s'agit d'une famille où un couple ou des personnes qui peuvent ou non leur être apparentés fonctionnent comme parents.

.Ménage monoparental : Il s'agit d'un ménage où un seul des parents biologiques des enfants réside (soit le père, soit la mère). Cela se produit fréquemment à la suite du décès ou du divorce de l'un des couples . Fonction et obligations des membres de la famille.

Le papa:

1 .Il paie les factures pour que la famille puisse manger .

2.Il défend et protège la famille.

3. Il veille à ce que les enfants soient élevés correctement.

4. Il inculque des valeurs morales à la famille en adoptant un excellent comportement .

5. Il supervise les procédures disciplinaires à domicile .

6 .Il s'assure que les membres de la famille vivent dans l'harmonie, l'amour et la paix .

La maman :

Elle : 1. Prépare de délicieux repas pour la famille ;

2. S'assure que la maison est propre ; Et

3. Enseigne aux enfants comment prendre soin de la maison, regarder

les vêtements et les tresses, et faire de
la nourriture .

Elle aide également le père à prendre
soin des besoins de la famille en
signalant tout cas de violence
domestique au mari pour les mesures
requises.

Les enfants :

1. Se conformer à toutes les
instructions parentales

2. Travailler en coopération avec leurs
parents pendant leur formation

3. Aller régulièrement à l'école et
rendre constamment leurs parents
fiers .

4 .Prendre soin des tâches ménagères

5. Être poli partout où vous allez

6. Respecter et aimer tout le monde dans la famille

7. Signaler constamment des situations importantes qui peuvent obliger leurs parents à agir rapidement

8. Demandez à vos parents des conseils et des réprimandes si nécessaire .

Évaluation ? Décrire la structure sociale .

Énumérez les nombreux types de groupes sociaux .Décrire les caractéristiques des groupes sociaux .

Établir une famille comme unité sociale fondamentale et mettre l'accent sur les contributions de chaque membre de la famille . .

Chapitre :6

Technologie sociale

L'utilisation de ressources numériques, humaines et intellectuelles pour affecter les processus sociaux est connue sous le nom de technologie sociale. Par exemple, on peut utiliser des logiciels sociaux et du matériel social pour faciliter les processus sociaux. Cela pourrait impliquer l'utilisation d'ordinateurs et de technologies de l'information pour les processus d'entreprise ou gouvernementaux. Dans le passé, il a été utilisé pour faire allusion à deux significations différentes : en tant qu'expression pour l'ingénierie sociale, qui remonte au 19e siècle, et en tant que description d'un logiciel social, qui remonte au début du 21e siècle. Les technologies sociales orientées vers l'humain et orientées vers les artefacts sont deux catégories différentes.

1 : Historique

Au tournant du 20e siècle, Albion Woodbury Small et Charles Richmond

Henderson ont inventé l'expression «
technologie sociale » à l'Université de
Chicago. Small a défini la technologie
sociale comme l'application des faits
et des principes de la vie sociale pour
atteindre des objectifs sociaux
logiques lors d'un séminaire en 1898.
[1] Henderson a utilisé pour la
première fois l'expression «art social»
en 1895 pour décrire les techniques
utilisées pour provoquer un
changement social. Henderson
affirme que l'art social fournit des
conseils. Henderson a surnommé cet
art social "la technologie sociale" et l'a
défini comme "un système d'
organisation consciente et délibérée
des humains dans lequel chaque
organisation sociale réelle et naturelle
trouve sa véritable maison" dans un
article intitulé "Le Portée de la
technologie sociale "[3] Qui a été

publié en 1901. L'expression
«technologie sociale» a reçu une
définition plus large dans les écrits
d'Ernest Burgess et de Thomas D. Eliot
en 1923, qui ont étendu la définition
pour inclure l'application de
méthodes créées par la psychologie et
d'autres sciences sociales, en
particulier dans le travail social.Luther
Lee Bernard a décrit la science
appliquée comme l'observation et
l'évaluation des normes ou des règles
qui régissent la façon dont nous
interagissons avec le monde extérieur
en 1928. Il a poursuivi en disant que la
technologie sociale "inclut également
l'administration ainsi que le
développement des normes qui
doivent être utilisées" . Dans
l'administration" afin de le distinguer
de cette définition en 1935, il écrivit
un article intitulé " Le rôle des sciences

sociales dans l'éducation contemporaine », dans lequel il a discuté des caractéristiques d'une éducation efficace en sciences sociales pour parvenir à une éducation efficace par les masses volontaires. Il se déclinerait en trois variétés : « Une description des conditions actuelles et des développements dans la société » Est la première étape. De plus, "l'enseignement des objectifs sociaux souhaités et des valeurs nécessaires pour remédier aux inadaptations sociales telles que nous les connaissons actuellement" est également important. Troisièmement, "un système de technologie sociale qui, s'il est utilisé, peut être censé rectifier Inadaptations actuelles et atteindre des objectifs sociaux valables". Les technologies impliquées dans les "formes moins matérielles du bien-être humain", selon Bernard, sont les aspects de la technologie sociale qui sont à la traîne. Ce sont les sciences appliquées de "la lutte contre la criminalité, l'abolition de la pauvreté, l'élévation de chaque individu normal à la compétence économique, politique et personnelle, l'art de la bonne administration, ou la planification urbaine, rurale et nationale". D'un autre côté, "les meilleures technologies sociales développées, telles que la publicité, la finance et la politique "pratique", sont principalement employées à des fins antisociales plutôt qu'à de véritables objectifs humanitaires" .L'expression "technologie sociale" était encore utilisée occasionnellement après la Seconde Guerre mondiale. Par exemple, le psychologue social Dorwin Cartwright l'a utilisé pour décrire les techniques de dynamique de groupe comme les "groupes de buzz" et les jeux de rôle, et Olaf Helmer l'a utilisé pour décrire la méthode Delphi pour atteindre un consensus d'experts. Droits de l'homme et technologie sociale par Rainer Knopff et Tom Flanagan est un exemple plus récent qui traite à la fois des droits de l'homme et des lois qui les protègent. Une autre illustration est Perverse Incentives de Theodore Caplow : La négligence de la technologie sociale dans le public qui couvre un large éventail de sujets comme l'emploi de la peine de mort pour dissuader le crime et le système de protection sociale pour aider les démunis.

Deux utilisations principales de cette expression ont évolué au stade actuel de la recherche sur les technologies sociales :

(A) Technologies axées sur l'humain et

(B) Technologies axées sur les artefacts .

Les technologies axées sur les personnes comprennent :

Technologies de puissance, conformément à l'objectif d'adaptation des technologies sociales .

Exigences légales de base

systèmes de signes et symboles ;

Technologies participatives

Création de modèles de comportement de groupe , médiation du transfert d'informations et eugénisme

Développement de modèles de comportement personnels

• Normes juridiques

Auto-assistance basée sur la technologie

Technologies d'interaction sociale,

Technologies d'établissement et de maintenance de relations

Technologies d'agrégation,

Et les technologies de compilation de ressources font partie des technologies axées sur les artefacts . ·

Technologies de localisation

65

2. En tant qu '"ingénierie sociale"

sociale est une expression
étroitement liée à la technologie
sociale. En 1891, Thorstein Veblen a
employé «l'ingénierie sociale», bien
qu'il ait également laissé entendre
qu'elle avait été pratiquée
auparavant. Les termes "technologie
sociale" et "ingénierie sociale" ont été
associés aux vastes initiatives socio-
économiques de l'Union soviétique
dans les années 1930. La technologie
sociale est "la science de la production
organisée , organisée Travail et
systèmes organisés de relations de
production, où la légalité de
l'existence économique se reflète

dans de nouvelles formes », selon un livre écrit par l'économiste soviétique Yvgeni Préobrajenski .

Dans son livre La société ouverte et ses ennemis[16] et l'article "La pauvreté de l'historicisme"[17], Karl Popper a critiqué le système politique soviétique et la philosophie marxiste (marxisme) sur laquelle il a été construit et a discuté de la technologie sociale et de la technologie sociale. Ingénierie. Plus tard, il a rassemblé la série "La pauvreté de l'historicisme" dans un livre "La pauvreté de l'historicisme" qu'il a écrit "En commémoration des nombreux hommes et femmes de toutes croyances ou nations ou races qui ont été victimes de la croyance fasciste et communiste en des lois inexorables. du destin historique".

dans "La société ouverte et ses adversaires", Popper a identifié deux catégories d'ingénierie sociale et les technologies sociales associées. Afin d'atteindre l'objectif de l'ingénierie utopique selon lequel "un état idéal, utilisant un modèle de société dans son ensemble , est un état qui exige une règle centralisée forte de quelques-uns, et qui est donc susceptible de conduire à une dictature", il est nécessaire pour La règle d'un petit nombre de personnes doit être forte et centralisée . Une technologie sociale qui est utopique est le communisme. L'ingénieur au coup par coup, d'autre part, adopte "la stratégie de recherche et de lutte contre les maux les plus grands et les plus urgents de la société, plutôt que de rechercher et de lutter pour son plus grand bien ultime" avec sa technologie sociale correspondante. Pour la reconstruction sociale démocratique, l' utilisation de la technologie sociale fragmentée est essentielle.

3 : Logiciels sociaux "

Les termes « technologie sociale » et « logiciel social » ont également été utilisés de manière interchangeable, comme dans le livre de Charlene Li et Josh Bernoff , Groundswell : Competing In A World Changed By Social Technologies . Enseigné par Jennifer Aaker .

Services de réseaux sociaux,

Un service de réseautage social est un outil permettant de créer des réseaux sociaux ou des relations entre des personnes qui, par exemple, ont des

ce point de vue. La technologie sociale transforme la façon dont les gens communiquent ; Par exemple, il permet à des personnes du monde entier de travailler ensemble. Cette technologie a un impact social important et pourrait être catégorisée.

La technologie sociale modifie la façon dont les organisations fonctionnent et la façon dont les entreprises prospères l'exploitent à leur avantage », déclare Christopher Morace , directeur de la stratégie de Jive Software. La collaboration, la communication ouverte et un vaste réseau sont quelques-uns des principaux moteurs commerciaux rendus possibles par L'utilisation des technologies sociales Le personnel des entreprises doit également maintenir sa culture numérique afin de comprendre le potentiel des technologies sociales et de les appliquer aux tâches régulières.

4. Autres utilisations

numérique peut être rendu possible grâce aux technologies sociales. Parce qu'il n'y a plus de limites physiques, les technologies sociales peuvent être utilisées pour promouvoir les protestations et les révolutions. On peut également affirmer que l'utilisation des médias sociaux pour l'activisme numérique ne produit pas de résultats tangibles, car les utilisateurs peuvent être distraits des objectifs du mouvement social et finir par s'engager dans le " clicktivisme ". La technologie sociale pourrait potentiellement changer ce que signifie être un activiste à la suite des progrès techniques.

Le domaine du commerce électronique est également fortement influencé par les technologies sociales. Le commerce social a été facilité par la création et l'expansion rapide des ordinateurs mobiles et des smartphones. Au fil du temps, les tactiques de marketing ont changé pour s'adapter et être en ligne avec la technologie sociale.

Le moulage social de la technologie est un livre écrit par Mackenzie qui a été publié en 1985. L'article présentait la relation entre la technologie et la société et examinait divers types de technologie, y compris la technologie de production, la technologie domestique et reproductive et la technologie militaire. Il a également démontré comment le changement technologique est souvent perçu comme quelque chose qui suit sa propre logique. Les technologies de la maison et de la reproduction biologique sont ensuite discutées, et la question de ce qui influence la technologie de l'armement, en particulier l'armement nucléaire, est soulevée . .

5. Préoccupations

Les philosophes ont exprimé des inquiétudes au sujet des technologies sociales puisqu'il s'agit de technologies qui traitent des comportements ou des relations sociales. Dans son journal, Vladislav A. Lektorsky a déclaré : « La civilisation européenne moderne est décrite comme « technogénique » par le philosophe russe Viacheslav Stpin . Cela signifiait d'abord rechercher des méthodes pour gérer les événements naturels. Finalement, des initiatives de technologies sociales visant à réguler les processus sociaux ont commencé à émerger. Sur la base de cette idée, les effets potentiels de la technologie sociale sur les personnes sont reconnus, tels que la "collectivisation forcée" ou la déportation de groupes ethniques. Vladislav affirme que la technologie sociale affaiblit la capacité de réflexion critique des gens, même si elle n'a pas elle-même cet effet "présente une possibilité alternative qui peut être utilisée pour améliorer la créativité humaine, augmenter son niveau de liberté et améliorer ses liens sociaux et interpersonnels . " .

De la même manière, les technologies des médias sociaux peuvent également mettre en danger les droits de l'homme. Ces inquiétudes découlent de l'idée que les gens sont des produits de leur environnement. Afin de modifier et de contrôler le comportement humain , la technologie sociale présuppose qu'il est possible de connaître les facteurs socioculturels ou "systématiques" qui déterminent le " comportement " humain. De plus, la technologie peut vaincre certaines influences sociétales.. ·

Les spécialistes des sciences sociales ont exprimé leur inquiétude à propos de la technologie sociale. Une étude de Cambridge University Press a révélé que les technologies sociales ont le pouvoir d'influencer une variété de processus sociaux, y compris la formation de relations et la dynamique de groupe. Le comportement d'une personne peut changer en raison de facteurs tels que le sexe et le statut social, et ces variations de comportement peuvent être traduites en interactions avec la technologie. La thèse du déterminisme technologique, qui affirme que "la technologie a une influence universelle sur les processus sociaux", est également liée aux technologies sociales.

sociaux augmente parallèlement à la présence en ligne de la population générale, ce qui favorise une culture du partage. En raison de l'activité mondiale accrue sur Internet et des services qui permettent le téléchargement de contenu, les internautes sont en mesure de communiquer avec davantage de personnes en ligne.

Médias sociaux : les médias sociaux sont une technologie informatique qui facilite le partage d'informations, d'idées et de réflexions en créant des communautés et des réseaux en ligne.

Technologie communautaire

La technologie civique, souvent connue sous le nom de technologie civique, utilise un logiciel pour le processus politique, la prise de décision, la communication et la prestation de services afin d'améliorer l'interaction entre le peuple et son gouvernement. Il comprend des équipes techniques intégrées opérant au sein du gouvernement et des technologies de l'information et des communications soutenant le gouvernement avec des logiciels développés par des équipes communautaires dirigées par des bénévoles, des organisations , des consultants et des entreprises privées.

Chapitre : 7

Analyse sociale, mesure et métriques

On entend les gestionnaires de médias sociaux et les propriétaires d'entreprise demander : "Pourquoi cette photo n'a-t-elle pas obtenu plus de likes ?" Partout. De toute évidence, il est amusant d'être apprécié en ligne, mais il y a beaucoup d'autres facteurs à prendre en compte lorsqu'il s'agit de la performance de votre site Web. Dans de nombreux cas, il peut même s'agir du facteur le moins important à prendre en compte. Quelles statistiques de médias sociaux devriez-vous suivre et évaluer, alors ? Pourquoi? Qu'est ce qu'ils disent?

Une remarque importante

Nous devons d'abord évacuer quelque chose. Abonnés et likes ? Ils sont superbes. Mais dans la grande majorité des cas, ils n'ont finalement aucun sens . .

Dommage, n'est-ce pas ? Nous voulons tous être populaires sur les plateformes de médias sociaux comme Instagram et Facebook, mais même si vous avez un million d'abonnés, votre entreprise pourrait échouer si vous ne gagnez pas d'argent. Notez ce qui suit : la quantité de likes et de followers que vous (ou toute autre personne) n'a aucune incidence sur les performances de votre entreprise.

N'oubliez pas que de nombreuses personnes choisissent encore moins intelligemment d'acheter des likes et des abonnés ou de les obtenir d'autres manières contraires à l'éthique. Cela ne fonctionnera pas !

sociaux sont de plus en plus aptes à éliminer les profils qui se développent de manière contraire à l'éthique. Il existe deux approches éthiques pour gagner des fans et des abonnés :

Fournir du matériel de qualité pour les attirer naturellement .

·1Publiez du matériel de qualité et dépensez ensuite de l'argent pour le promouvoir .

Rien d'autre que ces deux choix n'est probablement pas une possibilité .

Facebook, Instagram et peut-être toutes les autres plateformes de médias sociaux deviennent plus sévères envers les utilisateurs qui tentent de mener des choses douteuses . Par exemple, Instagram désactivera votre page si vous adoptez un comportement malhonnête ou frauduleux , tel que suivre et ne plus suivre d'autres utilisateurs, laisser des commentaires de mauvaise qualité dans les sections de commentaires d'autres pages ou utiliser des applications tierces pour augmenter les likes. ·

Ne le faites pas du tout.

Une croissance qui semble constante mais qui est extrêmement lente ne devrait pas vous inquiéter. C'est Typique. Avec les médias sociaux, le calme et la stabilité prévalent souvent.

Dans tous les cas, il y a beaucoup plus d'analyses cruciales à considérer, alors sur ce point, ouf ! D'accord. Passons aux informations importantes maintenant que c'est terminé.

Analyse des médias sociaux :

7 : Ce que vous devez savoir

Voici sept analyses que vous devez suivre et mesurer si vous voulez que votre campagne de marketing numérique réussisse.

1. **Fiançailles,** En particulier les commentaires que vous devriez adorer les remarques. Votre partenaire d'âme et votre meilleur ami sont les commentaires.

Les plateformes sont intéressées par les commentaires ! Ils ont actuellement le signal social le plus fort sur Facebook. Les partages étaient la norme, mais Facebook devait en avoir assez ou quelque chose du genre. Actuellement, vous devez optimiser vos publications Facebook pour attirer plus de commentaires si vous voulez réussir avec eux .

La même chose peut être dite en grande partie pour Instagram et Youtube . La raison pour laquelle les commentaires sont si puissants est qu'ils démontrent aux plates-formes que les utilisateurs non seulement vous aiment, mais veulent également interagir avec vous. La clé est d'être engagé. Il faut plus d'efforts pour obtenir qu'un simple like, mais les plateformes font attention quand vous le faites.

Une dernière chose à retenir à propos des commentaires : ils sont plus efficaces si vous pouvez en obtenir autant que possible dans la première heure suivant la publication. Cela ne veut pas dire que si vous les recevez plus tard, ils n'ont aucune signification. Pourtant, la qualité du contenu immédiatement après l'avoir téléchargé est importante. Et! Assurez-vous de répondre à chaque commentaire. Ouais, chaque commentaire. Ouais, même les remarques Emoji-Only et One-Word. Même le simple fait de dire "Salut ! J'apprécie que vous écriviez un commentaire" suffira.

Mais vous devez répondre. Instagram est constamment à la recherche.

Les gens peuvent interagir avec vous en commentant. Une autre consiste à partager votre contenu. Même si les actions ne sont peut-être plus aussi efficaces qu'elles l'étaient autrefois, elles sont néanmoins avantageuses. Créez du matériel que les gens voudront partager avec leurs amis, et les performances de vos comptes de médias sociaux s'amélioreront presque certainement .

2. Clics Le Saint Graal de l'analyse des médias sociaux, ce sont les clics . Demandez-vous, "Comment pouvons-nous obtenir plus de clics ?" Devrait être une pratique constante . Encore une fois, les likes sont adorables et tout ça. Mais que se passe-t-il si quelqu'un choisit de lire votre blog au lieu de votre message Facebook ? Ouah. Juste wow.

Ce nombre est crucial car, pour de nombreuses marques, sinon la plupart, les médias sociaux ne servent qu'un seul objectif clé en fin de compte : générer du trafic vers votre site Web. Quelque chose ne va pas s'il ne ramène pas de trafic vers votre site Web.

C'est maintenant le bon moment pour réitérer l'idée que la vanité n'a pas de sens. Si personne ne répond à votre message, peu importe s'il reçoit 500 likes. Vos publications sur les réseaux sociaux doivent avoir un objectif clair en tête. Ils ne fonctionnent pas s'ils ne l'accomplissent pas. Pour savoir comment obtenir encore plus de visites, consultez notre publication sur nos réseaux sociaux par e-mail. !

3. Portée/Impressions Celui-ci vaut vraiment la peine d'être mentionné, malgré le fait que c'est un peu difficile.

Vous ne gagnerez pas de clics ni de commentaires si votre message n'atteint pas votre public cible. L'objectif n'est pas d'atteindre autant de personnes que possible, pour être clair. L'astuce consiste à se présenter devant vos clients les plus probables.

Il n'y a rien de mal à ce qu'un magasin familial de quartier serve une clientèle beaucoup plus petite qu'un détaillant de vêtements bien connu .

Peu importe ce que le nombre est en lui-même et de lui-même.

Tout dépend de votre numéro Et à quel point vous le frappez . Vous devez d'abord avoir une idée générale de votre audience afin de mesurer efficacement ces statistiques sur les réseaux sociaux. Sinon, vous n'auriez rien pour mesurer vos observations. Le gestionnaire de publicités de Facebook propose une approche intelligente pour y parvenir. Vous pouvez créer une publicité (même si vous n'avez pas l'intention de l'utiliser tout de suite), et lorsque vous commencerez à jouer avec le ciblage, cela vous indiquera la portée approximative.

N'oubliez pas que cela représente toute la portée. Par conséquent, vous ne devriez pas supposer qu'un million est le nombre d'individus que vous devriez cibler avec chaque article simplement parce qu'il indique que votre public prévu est d'un million de personnes.

Mais si, par exemple, seulement 10 personnes voient votre message, vous voudrez peut-être retourner à la planche à dessin et apporter des ajustements à votre stratégie de médias sociaux.

4. Performances des hashtags Oui ! La performance de vos hashtags devrait sans aucun doute être incluse dans les données de médias sociaux que vous êtes

Particulièrement sur Instagram , les hashtags changent complètement la donne. Facebook? Moins que ça. De plus, certaines études ont montré que les publications Facebook sans hashtags sont plus performantes que celles qui en contiennent.

Instagram est une histoire très différente. Vous réduisez vos chances de succès si vous n'utilisez pas de hashtags sur ce site. La recherche a constamment montré que les hashtags augmentent considérablement les performances d'Instagram .

Le nombre exact de hashtags que vous devriez utiliser est toujours sujet à débat, et honnêtement ? Il n'y a probablement pas de nombre magique qui fonctionnera pour tout le monde. Pour vos propres entreprises, vous devez le mettre à l'épreuve .

Mais, nous pouvons dire catégoriquement que vous devriez

utiliser un outil comme Eclincher pour évaluer la performance de vos hashtags et identifier les remplacements potentiels. En utilisant Eclincher Pour surveiller l' interaction que vos hashtags reçoivent, vous pouvez déterminer si vous utilisez les bons hashtags. Bingo !

5. Les meilleurs moments pour publier

Il est préférable de publier à des moments de la journée où votre public est actif en ligne .

Mais comment savez-vous quand publier ? Bien sûr, vous le surveillez et l'évaluez en même temps que vos autres paramètres de médias sociaux ! Ceci est rendu simple par Eclincher , ce qui indique clairement quels messages fonctionnent le mieux à différents moments de la journée.

Gardez également à l'esprit que ces informations sont cruciales car l'heure peut varier d'un jour à l'autre, en particulier des jours de semaine aux week-ends. Même si les publications sont les plus performantes le mardi matin, cela pourrait changer pour le samedi à 13h30. Toujours suivre et évaluer.

6. Vos plus grandes sources de trafic
Si vous ne savez pas où vous pouvez gagner le plus, comment savoir où concentrer votre temps, votre argent, votre énergie et vos ressources ?

Par exemple, il n'y a aucune raison de passer trop de temps sur Twitter si Facebook et Pinterest sont beaucoup plus efficaces pour générer du trafic vers votre site Web.

Veuillez comprendre que nous ne vous conseillons pas de supposer quelles plateformes seront efficaces pour vous et lesquelles ne le seront pas. Testez, suivez et jaugez à nouveau. Et une fois que vous avez fait cela, une fois que vous avez déterminé quelles plateformes sont idéales pour vous, concentrez-vous sur elles et pensez à mettre le reste en veilleuse, au moins temporairement.

Semblable au dernier point, de nombreux propriétaires d'entreprise et gestionnaires de médias sociaux pensent qu'ils doivent avoir un profil sur chaque réseau. Pourtant, c'est un fait que toutes les plateformes ne vous conviendront pas, et ce n'est pas grave. Au lieu de vous disperser trop simplement pour avoir un compte sur chaque plate-forme, il est préférable de vous concentrer sur quelques-unes qui fournissent généralement .

7. Taux de conversion,

C'est un problème majeur. Comme, une affaire majeure. Le déterminer pourrait nécessiter un peu plus d'efforts, mais cela en vaut la peine. Les taux de conversion sont cruciaux.

Imaginons que vous receviez beaucoup de clics qui ramènent les visiteurs sur votre site Web. Prodigieux! Quand ils arrivent, que font-ils ? Continuent-ils à se promener ? Interagir sur votre site Web ? Choisir de rejoindre votre liste de diffusion ou d'accepter des cadeaux ?

Ou visitent-ils votre site Web et partent-ils immédiatement ? Aie.

Si ce dernier, prenez un moment pour reconsidérer votre stratégie car cela semble étrange. Oui, vous gagnez dans le sens où vous attirez des visiteurs sur votre site Web à partir des médias sociaux. Mais vous devez faire attention si, à leur arrivée, ces personnes ne se comportent pas comme vous le souhaitez.

De nombreuses possibilités ? Il est possible que les mauvaises personnes cliquent sur vos annonces. Peut-être que ce pourrait être votre site Web ; Peut-être que les visiteurs y vont et sont éteints tout de suite, en partant. Votre stratégie de médias sociaux peut très bien fonctionner dans cette situation.

Vous devez examiner de plus près si plus de clics n'entraînent pas plus de conversions.

C'est pourquoi vous devriez surveiller votre taux de conversion tout en analysant vos données de médias sociaux.

Nous sommes conscients que de nombreuses personnes pensent que tous les médias sociaux nécessitent quelques publications hebdomadaires. Quelle belle chose ce serait ! Il y a, cependant, beaucoup plus que cela. La bonne nouvelle est que vous découvrirez ce que vous devez faire pour réussir lorsque vous prenez le temps d' analyser en profondeur comment vous vous débrouillez en ligne.

Garder une trace de toutes vos mesures de médias sociaux est nettement plus rapide et plus simple lorsque vous disposez d'un outil comme Eclincher . Pas tout à fait prêt à vous lancer ? N'oubliez pas que vous pouvez nous tester gratuitement !

Questions fréquemment posées Comment sont évalués les réseaux sociaux ?

Bien que mesurer les médias sociaux puisse être difficile, c'est une tâche qui devient de plus en plus cruciale à mesure que la valeur du marketing numérique augmente. D'une manière générale, trois indicateurs doivent être pris en compte lors de l'évaluation de la performance de vos efforts sur les réseaux sociaux : les mesures de génération de leads, d'engagement et de notoriété

Top : 5 moments cruciaux en gestion

Événements importants dans la gestion

Je me demande souvent pourquoi les gens pensent que mes co-auteurs et moi sommes des autorités de communication. Notre objectif principal n'était pas la communication lorsque nous avons commencé à travailler il y a plus de trois décennies. L'étude des moments critiques - moments où les actions d'un manager ont un impact significatif et disproportionné sur de nombreuses choses qui suivent - a attiré notre attention. Et deuxièmement, si de tels cas se produisent,

Que doit faire un manager dans ces circonstances pour optimiser les résultats de sa réponse ?

À l'aide d'une analyse aveugle des "excellents" et des "excellents" managers, nous avons lancé cette recherche. Vingt-cinq managers exceptionnels et vingt-cinq managers "bons mais pas excellents" devaient être identifiés par les dirigeants. Suivre ces cinquante managers et faire des suppositions éclairées sur qui appartenait à quelle liste était notre tâche. Nous espérions que cela nous permettrait de confirmer si nous avions réellement découvert des occasions importantes.

Bien que nous ayons alloué six mois à l'étude, les événements clés sont devenus clairs assez rapidement. Nous avons découvert immédiatement que les moments où un manager devait résoudre un problème avec une ou plusieurs personnes étaient ceux qui avaient le plus d'impact sur son efficacité. Ce n'était pas n'importe quel problème non plus. En général, la "communication" n'était pas le problème principal. C'était un discours sur un sujet avec les trois caractéristiques suivantes :

Des enjeux élevés; Points de vue diamétralement opposés ; Et des émotions intenses.

Il y avait des distinctions évidentes entre les "excellents" et les "excellents" managers. Les « bons » gestionnaires ont évité, contourné ou enrobé les problèmes graves. Ils parlaient parfois lorsque les choses devenaient extrêmement stressantes, mais ils le faisaient d'une manière qui nuisait aux relations. Les "Excellents" affichaient des traits totalement différents. Ils ont parlé plus rapidement et plus franchement, mais ils l'ont fait d'une manière incroyablement apaisante, respectueuse et unifiée. Ces instances pivots ont fini par être prédictives à 100 % de l' excellence de la gestion . Par exemple, nous avons découvert que la capacité à maîtriser les discussions difficiles est l'un des prédicteurs les plus efficaces de la performance organisationnelle en plus de prédire l'efficacité de la gestion individuelle. Voici un échantillon de ce que nous avons appris sur les discussions importantes au fil des ans grâce à nos recherches continues.

Le prix de la prévention

Nos recherches montrent que 95 % des employés d'une entreprise ont du mal à parler à leurs collègues et à la direction de leurs problèmes et de leurs griefs. En conséquence, ils utilisent des stratégies d'évitement épuisant les ressources telles que penser de manière obsessionnelle à des sujets importants, se plaindre, se mettre en colère, faire un travail supplémentaire ou inutile et ignorer complètement l'autre personne.

Financier avisé

Nous avons examiné 2 000 managers de 400 entreprises qui ont eu du mal à se réorganiser financièrement en raison du climat économique actuel. Nous avons découvert que l'efficacité de quatre discussions particulières que les dirigeants ont avec leurs équipes affecte la rapidité et l'efficacité avec lesquelles une organisation apporte des améliorations financières. La vitesse de réponse était cinq fois plus lente et la qualité de la réponse (évaluée par la rentabilité de l'entreprise) était dix fois pire, par exemple, lorsque les gestionnaires étaient incapables de parler des « vaches sacrées » financières. Les entreprises qui ont réagi rapidement, judicieusement et de manière cohérente aux crises financières soulèvent quatre conversations très importantes.

Le silence ne fonctionne pas.

Le reproche le plus fréquent des cadres et des gestionnaires est que les membres de leur personnel opèrent en silos. Environ 80 % des initiatives qui nécessitent une coopération interfonctionnelle finissent par coûter beaucoup plus cher que prévu, produisant beaucoup moins que prévu et dépassant considérablement le budget. Nous nous sommes demandé pourquoi. Nous avons examiné plus de 2 200 projets et programmes qui ont été lancés dans plusieurs organisations à travers le monde. Ce que nous avons découvert, c'est que vous pouvez prévoir quelles initiatives échoueront des mois ou des années à l'avance et avec une précision d'environ 90 %. Et qu'est-ce qui détermine précisément le succès ou l'échec ? Il s'agissait de savoir si les gens pouvaient habilement soulever cinq problèmes distincts qui surgissent invariablement tout au long d'un projet . La sécurité au travail

C'était un accident qui attendait de se produire, comme en témoigne notre étude de plus de 1 600 travailleurs dans des entreprises soucieuses de la sécurité. La plupart des accidents du travail ont un vilain secret : quelqu'un était au courant des risques longtemps à l'avance, mais n'a pas pu ou n'a pas voulu en parler. Pourtant, nos recherches ont également démontré que les dirigeants ont le pouvoir d'améliorer considérablement le bilan de sécurité de l'organisation s'ils peuvent créer une culture où les employés se sentent libres de signaler les dangers qu'ils voient. Une entreprise avec laquelle nous avons travaillé a signalé une amélioration de 55 % des accidents du travail et n'a pas signalé un seul accident pendant toute l'année qui a suivi sa métamorphose culturelle. Le dialogue est essentiel à la vie.

Préjugés sexistes Nous avons réfléchi à l'impact de la communication sur les inégalités au travail à mesure que les différences entre les sexes augmentent. Selon nos recherches, les préjugés et les styles de communication des femmes sont directement liés. En particulier, nous avons découvert que lorsque les femmes sont aussi affirmées ou fortes que leurs collègues masculins, leur compétence perçue chute de 35 % et leur valeur estimée de 15 088 $.

L'injustice émotionnelle est un phénomène réel et injuste. Les individus peuvent exercer un contrôle même s'il est inapproprié et doit être traité au niveau culturel, juridique, organisationnel et social. De plus, selon nos recherches, ceux qui utilisent une déclaration de cadrage succincte

Et la prévoyance réduit le contrecoup social et les effets de l'inégalité émotionnelle de 27 %

Conclusion

Nos trente années de recherche ont montré que les grands gagnants sont vraiment doués pour apporter les meilleures idées sur la table. Ils sont experts dans l'utilisation du dialogue. Ils ont la capacité de s'exprimer quand cela compte le plus, d'être entendus et d'inspirer les autres à suivre leur exemple. Peu importe à quel point leurs points de vue sont dangereux ou impopulaires, ils créent un environnement où eux et tout le monde peuvent parler ouvertement. En conséquence, ils fournissent les informations les plus précises et les plus complètes, prennent les meilleures décisions, puis agissent avec cohésion et conviction sur ces décisions. Ils se distinguent de leurs pairs par cet ensemble unique de compétences, ce qui entraîne finalement une amélioration significative des résultats de l'entreprise.

Chapitre : 8

Le moyen définitif de s'engager sur les médias sociaux

Le succès sur les réseaux sociaux va au-delà de la simple croissance de votre base de fans. L'engagement sur les réseaux sociaux nécessite une attitude proactive. Gérer l'interaction et la communication avec vos abonnés peut les aider à devenir des ambassadeurs de la marque et même de véritables consommateurs .

Définition de l'engagement dans les médias sociaux

Le niveau d'interaction du public avec votre matériel de médias sociaux est mesuré par l'engagement des médias sociaux. Ceci est souvent affiché comme une proportion de toutes les vues. Cela donne un "taux d'engagement" en retour. Voici quelques-unes des métriques utilisées par les gestionnaires de médias sociaux : J'aime, commentaires, abonnés, partages, retweets, clics , messages directs et favoris .

Être apprécié est inutile si votre public n'y prête pas attention. Il est temps de modifier votre stratégie de contenu si vous avez un large public mais qu'ils ne participent pas d'autres manières. Bien que les mesures de vanité soient attrayantes, ce que vous voulez vraiment, c'est ce qui profitera à votre entreprise.

Participation croissante sur les réseaux sociaux

Parlons de la façon de stimuler l'engagement sur vos canaux de médias sociaux maintenant que vous comprenez ce qu'est l'engagement.

Reconnaître vos plateformes

Il est crucial de comprendre la fonction, le public potentiel et la méthode de consommation matérielle préférée de chaque canal. C'était la règle de "créer une fois, publier partout", mais les téléspectateurs ne l'achètent plus.

Conseils d'engagement sur toutes les plateformes Découvrez qui lit votre matériel, où ils se trouvent et ce qui compte pour eux en apprenant à connaître votre public. Évaluez vos publications de contenu pour voir celles qui suscitent le plus d'interaction et publiez- en davantage. Vous pouvez optimiser votre stratégie de contenu en obtenant les informations dont vous avez besoin grâce à l'utilisation d' Instagram Analytics avancés .

Rejoignez des conversations populaires - Donnez votre avis sur des sujets brûlants dans les actualités ou sur des remises de prix. Avant de vous lancer dans un désordre de relations publiques, un conseil : discutez avec les membres de l'équipe et recherchez une perspective supplémentaire sur tout ce qui pourrait être controversé.

Montrez la participation active du public en commentant ou en J'aime. Être réel et conforme à la marque est crucial. Avec le temps, des déclarations générales comme "C'est formidable !" Ne sera pas aussi efficace. L' algorithme saura que vous ne faites qu'appeler . Utilisez des carrousels pour offrir des témoignages, raconter des histoires ou faire la publicité de produits auprès de votre public .

Augmentez votre engagement en profitant de la récente décision d'Instagram de mettre l'accent sur le contenu vidéo via des bobines. Reels a promu l'utilisation de matériel vidéo, et les utilisateurs qui publient ce type de contenu sont récompensés par l'algorithme. Utilisez l'option Reels pour créer des vidéos Reels avec des formats audio et vidéo populaires afin de capitaliser sur les taux d'interaction élevés .

Utilisez des autocollants de lien et des histoires Instagram pour poser des questions, mener des sondages et augmenter l'engagement.

Conseils de fiançailles Tiktok • L'algorithme d'engagement sur Tiktok encourage les utilisateurs à utiliser des sons populaires. Sauter sur les tendances, pour le meilleur ou pour le pire, augmente votre portée

Utilisez une série pour attirer les téléspectateurs qui souhaitent regarder le prochain épisode. Gardez l'arrière-plan et le format identiques .

Suggestions d'interactions Facebook

Facebook a tendance à être "plus âgé", c'est-à-dire la génération Y et les plus âgés, en général. Modifiez votre contenu, vos graphiques et vos messages pour parler à ces utilisateurs .

Utilisez Facebook Live. Faites-en un événement récurrent que les utilisateurs peuvent anticiper. Par rapport aux publications vidéo régulières sur Facebook, les vidéos en direct reçoivent en moyenne plus de commentaires par vidéo.

Les groupes Facebook sont toujours un domaine fantastique pour créer une communauté et commencer à monétiser un public. La création d'un groupe Facebook de marque est une méthode formidable pour augmenter l'interaction et diriger les visiteurs vers votre site Web et d'autres pages de médias sociaux .

Utilisez la culture pop et les mèmes pour rejoindre les sujets actuels sur Twitter. Les 330 millions d'utilisateurs mensuels de Twitter peuvent augmenter considérablement la reconnaissance de votre marque .

Utilisez des GIF. Les gifs ont obtenu 55 % de taux d'interaction en plus dans un échantillon de 3,7 millions de tweets par rapport aux autres.

Conseils d'engagement Linkedin • Maintenir un profil d'entreprise à jour et cohérent .

Afficher les approbations du client et du personnel. Un aspect humain est créé en utilisant des individus réels .

Utilisez la fonction d'interrogation. Une chance d'engagement est fournie par le sondage et les résultats du sondage, à la fois pendant et après le sondage ·

Quelle est la prochaine ?

Maintenant que vous êtes un expert en interaction avec les médias sociaux, vous pouvez immédiatement appliquer ces suggestions. La production par lots de votre contenu vous permettra de programmer des publications avec Sked Social. Ne manquez plus jamais une publication ou une opportunité d'interagir avec votre public. Même Sked propose des mesures de performance et des analyses pour comparer et surveiller vos objectifs. Améliorez votre jeu d'engagement sur les réseaux sociaux en essayant gratuitement Sked Social pendant 7 jours

Chapitre :9

Qu'est-ce que le Social CRM et comment en tirer profit ?

Il est possible que votre entreprise ait mis en place un plan de marketing des médias sociaux réussi. Pourtant, s'il est déconnecté et utilisé séparément des autres points de contact , il peut donner une mauvaise idée à vos téléspectateurs. Vous ne pouvez pas vous permettre de séparer vos médias sociaux de vos autres points de contact et services dans un monde où les expériences de consommation omnicanales deviennent la norme.

Le Social CRM (Customer Relationship Management) est désormais incontournable pour les entreprises qui souhaitent synchroniser et standardiser l'expérience client pour cette raison. Une explication approfondie du CRM social et de la manière dont votre entreprise peut l'utiliser en 2022 est fournie dans cet article. Allons-y.

Qu'est-ce que le Social CRM et comment en tirer profit : Comment fonctionne le Social CRM ?

Pourquoi Pourquoi Votre entreprise a besoin d'un CRM social

Construire un processus de Social CRM : Comment démarrer • Principaux problèmes de Social CRM à

surmonter • Questions fréquemment
posées

Décrire le Social CRM.

L'intégration de vos plateformes de
médias sociaux dans votre système
CRM est connue sous le nom de Social
CRM, ou Social Customer Relationship
Management. L'objectif est de
garantir que tous les départements
puissent voir plus clairement les
informations sur les clients ou les
prospects. Les équipes pourront alors
voir toutes les interactions
antérieures, y compris celles sur les
réseaux sociaux, que le client ou le
prospect a eues avec votre entreprise
. La meilleure compréhension de vos
clients ou prospects peut permettre
aux équipes d'offrir un meilleur
service client, de cibler des prospects

avec des informations pertinentes et pertinentes. Annonces réussies ou suivi efficace des prospects. En d'autres termes, le Social CRM aide à gérer et à favoriser les relations entre les entreprises et leurs clients.

Pourquoi votre entreprise a besoin d'un CRM social

Le Social CRM peut améliorer plusieurs facettes de votre entreprise en vous offrant une vue unifiée de vos audiences. Plusieurs équipes peuvent utiliser le CRM social pour améliorer leurs efforts et générer avec succès une plus grande valeur commerciale, du marketing aux ventes en passant par le support client.

Meilleure compréhension du public

Surveiller ce que les gens disent de votre entreprise, de vos produits ou de votre secteur sur les médias sociaux est une fonctionnalité des logiciels de CRM social. Cela révèle les principaux problèmes et désirs non satisfaits de vos clients, ce qui vous aide à mieux saisir ce qu'ils veulent et attendent de votre entreprise.

Vous pouvez informer de nombreux processus commerciaux et aider à leur optimisation en ayant une connaissance approfondie de votre public cible. Cela permet de repérer plus facilement les possibilités de créer des communications plus convaincantes .

Améliorez le ciblage de vos annonces

Vos campagnes publicitaires peuvent être optimisées à l'aide du Social CRM, notamment en matière de ciblage. Vous pouvez commencer par envoyer des publicités de reciblage aux clients potentiels qui ont manifesté leur intérêt pour vos articles sur les réseaux sociaux. En fonction des pages qu'ils ont visitées et des solutions dont ils ont besoin, ces publicités peuvent être hautement personnalisées .

De plus, les données de votre CRM identifient vos clients pour vous. Ces données peuvent ensuite être utilisées pour développer des audiences similaires très ciblées qui amélioreront le ciblage de vos publicités sur les réseaux sociaux. En conséquence, vous pouvez cibler les utilisateurs de médias sociaux qui présentent les mêmes habitudes sociales ou d'autres caractéristiques que vos clients actuels.

En d'autres termes, vous visez à attirer des clients supplémentaires comparables à ceux qui ont déjà effectué des achats auprès de vous.

Améliorez votre expérience de service client

Chaque interaction client peut avoir un contexte fourni par Social CRM, vous permettant de bien comprendre la situation avant de formuler une réponse ou de suggérer une solution potentielle. De cette manière, les membres de l'équipe peuvent rapidement reprendre là où d'autres départements se sont arrêtés, ce qui se traduit par une expérience client transparente et organisée .

En d'autres termes, lorsque des clients ou des clients potentiels traitent avec plusieurs services, ils n'auront pas à répéter plusieurs fois la même information. Une perspective que le marketing envoyé aux ventes peut facilement être nourrie davantage. De la même manière, les représentants du service client n'auront pas besoin de demander en permanence au consommateur de décrire le problème car ils peuvent facilement rechercher l'historique de leurs conversations pour déterminer pourquoi un client est contrarié. Vous serez préparé avec les connaissances dont vous avez besoin pour offrir . Une solution pratique si vous avez une connaissance approfondie de la situation et de la façon dont elle a été gérée auparavant. Cela réduit les va-et-vient qui pourraient aggraver un consommateur déjà en colère et conduire à une situation désagréable comme dans l'exemple ci-dessous.

De plus, Social CRM vous permet d'offrir de manière proactive à vos clients l'assistance dont ils ont besoin. Si vous avez un accès rapide aux détails de leur commande, cela peut aider à mettre leurs questions ou demandes d'assistance en contexte et vous permettre de fournir une réponse appropriée immédiatement.

Renforcez vos liens marque-consommateur

La tenue d'interactions significatives nécessite un contexte, ce que le Social CRM fournit. Cela démontre aux clients que vous vous souciez vraiment de leurs commentaires, ce qui humanise votre marque et améliore votre relation avec eux. Ainsi , vous ne vous contentez pas de rejoindre des discussions au hasard ou de réagir aux consommateurs avec des réponses prédéfinies qui n'ont rien à voir avec leurs problèmes.

Imaginez un prospect qui a quitté le pipeline parce que son entreprise rencontrait des difficultés financières. Faire référence à leurs problèmes passés et obtenir une mise à jour actuelle sur la façon dont ils s'en sortent peut vous aider à établir un rapport avec eux lorsque votre équipe les réactivera des mois plus tard.

Les clients veulent s'en tenir à une marque qui leur prête attention et les comprend. Avec l'aide de Social CRM, vous bénéficiez des connaissances et de la visibilité dont vous avez besoin pour fournir le type de service qui améliorera vos relations avec les prospects et les clients.

De plus, Social CRM vous aide dans des suivis rapides, qu'il s'agisse d'un e-mail concernant un problème signalé sur les réseaux sociaux ou d'un appel téléphonique pour accueillir de nouveaux clients. Pour affecter les membres de l'équipe appropriés pour le suivi et s'assurer que ces affectations sont visibles pour toutes les équipes, utilisez les technologies Social CRM ..

Automatisez le processus de génération de leads

Vous pouvez rapidement convertir vos conversations sur les réseaux sociaux en prospects de grande valeur avec le bon outil de CRM social. En créant des processus d'automatisation qui seront déclenchés par une sorte d'engagement avec les médias sociaux de votre marque, vous pouvez automatiser le processus de création de leads.

Par exemple, vous pouvez ajouter quelqu'un automatiquement en tant que prospect et demander à votre équipe commerciale de suivre ce compte si elle mentionne votre marque, répond à votre article ou le partage. Vous pouvez également ajouter quelqu'un automatiquement si vous recevez un message direct de sa part. Cette technique de création automatique de prospects vous aide à créer une liste de contacts solide qui pourrait être bénéfique pour votre marque tout en vous faisant gagner une tonne de temps

Identifiez vos prospects les plus précieux

Avec l'utilisation de profils sociaux et d'interactions ajoutées à vos données de prospect, de nombreuses plateformes de CRM social peuvent évaluer automatiquement vos prospects. Sur la base de détails utiles sur leurs réseaux sociaux, tels que le nom et le titre de leur entreprise, les interactions passées avec vos publicités ou même le montant des revenus générés par leur entreprise, vous pouvez déterminer quelles pistes sont les plus précieuses pour vous.

En rationalisant vos efforts de sensibilisation et en suivant les contacts les plus susceptibles de fermer, vous pouvez gagner du temps de cette façon. Par exemple, vous pouvez trouver des clients potentiels qui ont récemment cliqué sur votre annonce sur les réseaux sociaux et avoir un titre C-Suite dans leur profil social.

Diffusez du contenu/des messages personnalisés

Parce qu'il y a tellement de contenu marketing générique et de messages disponibles, il est simple de contribuer à la cacophonie et de courir le risque de perdre des clients potentiels. Dans de nombreuses circonstances, votre message pourrait ne pas toucher le prospect, ou votre matériel pourrait ne pas être ce dont il a besoin.

Le Social CRM vous permet de créer du contenu ou des messages pertinents et intéressants adaptés à vos prospects en vous donnant accès à des informations sur les profils sociaux et l'historique des interactions. Cela peut augmenter considérablement les chances de conversion de vos contacts en vous aidant à créer des stratégies de sensibilisation personnalisées pour chacun d'eux.

Un livre blanc, par exemple, pourrait être suffisamment efficace pour attirer des prospects qui en sont encore au stade de la sensibilisation.

Pourtant, les personnes qui envisagent encore des options pourraient être plus convaincues par un processus complet d'inscription et d'installation du logiciel.

Principaux défis du Social CRM à surmonter

Bien que le Social CRM offre une multitude d'avantages, le processus de mise en place comporte quelques obstacles et obstacles. Il est important d'être conscient de ces défis afin d'être prêt à les surmonter.

Naviguer dans une mer de données

Les médias sociaux génèrent de grandes quantités de données, qui peuvent être difficiles à naviguer. Ceci est particulièrement difficile pour les grandes marques, car elles doivent faire face à des volumes de conversation plus importants autour de leur marque ou de leurs produits. Il est facile d'être submergé par le volume d'informations que vous devez parcourir. En conséquence , vous pourriez avoir du mal à réduire les données qui vous seraient réellement utiles.

Cela implique que votre équipe peut gaspiller du temps et de l'argent en essayant d'évaluer des données qui ne sont pas très utiles à votre entreprise.

Changer avec le temps

Le fait que le Social CRM entraînera probablement des changements au sein de votre organisation présente un autre obstacle important. En fait, cela pourrait entraîner un changement significatif dans le fonctionnement de vos équipes de service client, de vente et de marketing. De plus, s'adapter à de nouveaux processus qui sont différents de la façon dont vous avez toujours fait les choses ou apprendre à utiliser les nouvelles technologies n'est pas simple.

Pour cette raison, il est essentiel de s'assurer que chaque membre de l'équipe est pleinement informé des avantages de la mise en œuvre du Social CRM.

Par exemple, la génération automatisée de prospects et la notation simplifiée des prospects peuvent augmenter la productivité tout en augmentant les ventes de votre personnel de vente.

Comprendre comment le Social CRM leur profite directement peut les inspirer à s'adapter à tous les changements qu'il apporte.

Résultats progressifs

Les avantages du Social CRM mettent du temps à se faire sentir. Cela peut prendre beaucoup de temps pour collecter des données, les trier et en tirer des informations utiles. Cependant, de nombreuses entreprises peuvent ne pas être en mesure de collecter suffisamment de données au début, en particulier si elles ont un public plus restreint. Par conséquent, le CRM social peut ne pas être immédiatement bénéfique pour de nombreuses entreprises.

Il est essentiel d'endurer et de maintenir la cohérence de vos efforts à mesure que la qualité des données s'améliore avec le temps. Vous finirez par recevoir rester avec le paysage changeant de cela.

Vous savez peut-être déjà que l'environnement des médias sociaux évolue continuellement à mesure que de nouvelles plateformes et tendances émergent. Il peut donc être difficile de se tenir au courant de toutes ces nouvelles plateformes et tendances ainsi que de l'évolution de l'environnement.

Par exemple, si la majorité de vos clients commencent à utiliser une nouvelle plate-forme plus fréquemment, vous devrez rechercher des moyens d'intégrer la plate-forme dans votre CRM. Vous aurez besoin d'une plate-forme capable de rassembler les métadonnées des vidéos si les individus commencent à produire plus de vidéos courtes que de contenu textuel.

Utiliser les données pour développer des stratégies

Il est difficile d'organiser les données et de les analyser pour obtenir des informations pertinentes en raison de l'énorme quantité de données. Il est simple de se laisser distraire et de négliger des informations cruciales que vous pourriez utiliser pour faire progresser votre entreprise. En conséquence, vous pouvez trouver difficile d'utiliser efficacement les données pour développer des tactiques susceptibles d'être rentables.

de travailler avec des analystes humains qualifiés capables de reconnaître les tendances et d'établir des liens afin d'obtenir des informations exploitables. Ces réalisations peuvent ensuite être incorporées dans des plans qui se traduisent par des résultats réussis pour l'entreprise .

Contenu associé

Les 10 meilleurs programmes CRM pour les petites entreprises

Marketing des médias sociaux pour les entreprises en 2023 : un plan en 20 étapes   20 Entreprises de vente sociale pour Linkedin qui obtiennent des résultats rapidement

Comment démarrer la configuration du processus Social CRM

Il est temps de commencer à utiliser le Social CRM maintenant que vous êtes pleinement conscient des avantages que vous pouvez anticiper ainsi que des difficultés auxquelles vous serez confronté. Il est crucial de mettre en place une procédure de CRM social solide afin que vous puissiez gérer vos efforts et migrer en douceur.

1. Investissez dans la bonne plateforme de CRM social La plateforme que vous choisissez aura un impact significatif sur le résultat de votre stratégie de Social CRM. Quelque chose qui peut obtenir des informations de tous les réseaux sociaux que vous utilisez et interagir sans effort avec votre système CRM actuel est ce dont vous avez besoin. En outre, il devrait avoir toutes les fonctionnalités dont vous avez besoin, telles qu'une boîte de réception consolidée où vous pouvez gérer tous les messages, commentaires et notifications de plusieurs canaux en un seul endroit .

Vous devez également prendre en compte toutes les autres fonctionnalités qui pourraient être utiles. Avoir des capacités d'écoute sociale vous permettra de garder un œil sur les conversations en dehors de celles qui mentionnent votre marque. Cela vous permet de comprendre plus facilement votre public et de créer des techniques qui fonctionnent mieux pour lui.

2 . Décidez de vos principaux réseaux sociaux La prochaine étape consiste à décider sur quels réseaux sociaux vous souhaitez vous concentrer. La mesure dans laquelle vous souhaitez établir votre présence sociale déterminera cela. Il est essentiel de commencer par les réseaux sociaux les plus pertinents pour votre entreprise, même si vous souhaitez gérer tous les principaux réseaux sociaux. Quelles plates-formes votre marché cible utilise-t-il et où essaient-ils de s'engager avec votre marque ?

Par exemple, certaines entreprises B2B pourraient être plus susceptibles de recevoir des prospects via Linkedin et Twitter. Il est donc préférable de concentrer son temps et ses ressources sur l'utilisation efficace de ces deux réseaux plutôt que d'essayer de s'intégrer à d'autres plateformes comme Instagram .

3. Créer un plan de réponse

Choisir le plan d'action approprié pour divers scénarios est une première étape cruciale. Comment devez-vous réagir à chaque rencontre avec un client ? Dans quelles circonstances répondez-vous aux commentaires et quand ajoutez-vous un suiveur en tant que prospect ? Assurez-vous d'avoir un protocole en place qui décrit expressément ce que chaque équipe doit faire dans chaque circonstance.

De plus, lorsque vous répondez à un commentaire, une publication ou un message, vous devez rendre très évident la manière de répondre. Par exemple, vous pouvez demander au consommateur de vous contacter par

DM si vous souhaitez rendre une conversation publique privée. Peut-être pourriez-vous demander leur adresse e-mail afin que votre personnel de soutien puisse les suivre via la méthode appropriée .

Cela rendra votre approche Social CRM plus transparente et cohérente. Lorsque tout le monde est conscient de ce qui doit être fait et lorsqu'une piste ou un prospect doit être transmis à une autre équipe, cela crée également les conditions d'un meilleur travail d'équipe. Même les workflows de génération de prospects, de marketing, de vente et d'automatisation du support client peuvent être créés à l'aide de ce protocole.

4. Tirez le meilleur parti de l'écoute sociale

Pour améliorer la compréhension et enrichir les données de votre Social CRM, le Social Listening est indispensable. Veillez à garder un œil sur les discussions qui incluent votre entreprise, vos biens ou vos services. De plus, vous voulez garder un œil sur les discussions centrées Autour de phrases particulières pertinentes pour votre entreprise.

Vous pouvez l'utiliser pour trouver des pistes potentielles et effectuer un suivi immédiatement, ou pour découvrir des problèmes croissants et les résoudre avant qu'ils ne s'aggravent. Vos initiatives d'écoute sociale peuvent alors contribuer à enrichir vos données et à apporter aux différentes équipes l'assistance dont elles ont besoin pour produire de meilleurs résultats.

Se développer grâce au CRM social

organisation de nombreuses façons , que ce soit en termes de service client ou de vente. Utilisez les conseils suivants à votre avantage lorsque vous intégrez le CRM social dans votre entreprise .

Chapitre :10

Objet social

Exemples de phrases avec objectifs sociaux Une déclaration des objectifs sociaux de la technocratie, Technocratie, Inc., mars. La prémisse sous-jacente de BPR est que les problèmes de transfert ministériel sont maintenant résolus. Objectifs et devoirs sociaux, responsabilités sociales de la direction et responsabilités sociales de la direction en Inde. Introduction à l'unité II : Comprendre et gérer le comportement individuel Les modèles de comportement organisationnel, la théorie de l'immaturité-maturité, l'homme social de Mayo, l'homme rationnel et complexe de Schein et la théorie Z : un modèle hybride sont quelques-unes des théories qui ont été proposées .

Cela pourrait résulter de la fourniture de services (y compris l'utilisation d'argent) qui, à la date comptable, n'avaient été que partiellement achevés et n'étaient pas encore facturables. Améliorer les conditions et les services qui favorisent la bonne santé et réduire les inégalités en matière de santé dans tout Leeds font partie des objectifs sociaux répertoriés sous le titre "Évaluation de la durabilité", qui est étayé par des références aux critères et indicateurs de prise de décision. Copiez les e-mails de sauvegarde contenant des objectifs sociaux. Les objectifs individuels font référence aux objectifs quantifiables créés par une méthode de « gestion par objectifs » et approuvés par le comité car ils se rapportent à un participant (à sa discrétion).

Les objectifs de performance sont les objectifs précis et écrits que chaque dirigeant doit atteindre pendant la période de performance en relation avec un ou plusieurs des critères commerciaux. Ces objectifs peuvent être cumulatifs ou alternatifs. Les objectifs de performance font référence à un ou plusieurs objectifs fixés par le conseil pour la période de performance conformément aux critères de performance. Les objectifs de performance peuvent être basés sur la performance globale de la société, par rapport à une ou plusieurs unités commerciales, divisions, sociétés affiliées ou segments d'activité, et en termes absolus ou relatifs à la performance d'une ou plusieurs sociétés comparables, ainsi que d'une Ou des indices plus pertinents . Le conseil est habilité à modifier le calcul d'un objectif de performance à tout moment, à sa seule discrétion, afin de protéger les droits des participants contre la dilution ou l'expansion : (A) en cas de, ou en prévision de, tout Élément, transaction, événement ou développement extraordinaire ou extraordinaire de l'entreprise ; (B) En reconnaissance ou en prévision de tout autre événement extraordinaire ou non récurrent affectant la société ou les résultats financiers de la société.

Le Conseil est spécifiquement habilité à modifier la formule suivante pour déterminer si les buts et objectifs de performance pour une période de performance ont été atteints : I pour supposer que toute activité dont la société a été cédée a atteint les objectifs de performance à des niveaux ciblés pendant les périodes de performance restantes après cette cession ; (ii) Pour exclure les effets dilutifs des acquisitions ou des coentreprises ; Et (iii) d'exclure l'impact de tout changement dans le nombre d'actions ordinaires en circulation de la société à la suite de tout dividende ou fractionnement d'actions, rachat d'actions, réorganisation, recapitalisation, fusion, consolidation, scission ou autre action similaire Événement.

En outre, le Conseil est autorisé à modifier la manière dont les cibles et les objectifs de performance pour une période de performance sont calculés comme suit : frais de restructuration et/ou autres charges non récurrentes ; Effets de taux de change, le cas échéant, pour les ventes nettes et les bénéfices d'exploitation non libellés en dollars américains ; Modifications des principes comptables généralement reconnus imposées par le Financial Accounting Standards Board ; Et (Iv) tous les éléments qui sont « inhabituels » dans la nature ou qui se produisent « rarement », comme déterminé par les principes comptables généralement reconnus

Les objectifs de performance font référence aux objectifs fixés pour les participants qui sont qualifiés pour recevoir des récompenses dans le cadre du plan et qui sont à la discrétion exclusive du conseil ou du comité. Les objectifs de performance peuvent être classés comme des objectifs à l'échelle de l'entreprise, des objectifs spécifiques à l'entreprise ou à l'affilié, des objectifs pour le participant individuel ou des objectifs pour l'affilié, la division, le service ou la fonction où le participant fournit un service continu. Les objectifs de performance peuvent être évalués directement ou indirectement. Un indice des marchés financiers ou un groupe d'entreprises comparables peuvent tous deux être utilisés pour évaluer la performance relative.

Les objectifs de contrats spécifiques peuvent être modifiés conformément aux dispositions du présent chapitre et ne sont pas destinés à servir d'exigences minimales pour un contrat ou une zone géographique spécifique. Les mesures de performance sont des critères définis par l'administrateur pour l'un des éléments suivants, qu'ils s'appliquent à une seule personne, à une ou plusieurs unités commerciales, divisions ou sociétés affiliées, ou à l'ensemble de l'entreprise, et sont exprimés en termes absolus, par rapport à un Période de référence, ou par rapport à la performance d'un ou de plusieurs groupes de pairs, de sociétés comparables ou d'un indice de plusieurs sociétés : selon l'énoncé des concepts de comptabilité financière n° 6 du Financial Accounting Standards Board, la croissance des revenus correspond à la variation en pourcentage de Chiffre d'affaires d'une période à l'autre.

L'objectif du plan fait référence à l'objectif d'obtenir le retour mentionné dans les conditions générales de la brochure ci-jointe. Les indicateurs du manuel opérationnel pour le suivi et l'évaluation des projets sont appelés indicateurs de performance. L'objectif de performance est une norme établie par le comité pour décider si une récompense de performance sera gagnée en totalité ou en partie. L'indicateur de performance est une mesure de la performance du FSS pour laquelle un objectif de performance est défini ; Les spécifications techniques des indicateurs de performance spécifiques peuvent être trouvées dans le document des spécifications techniques des indicateurs MSAA.

157

Une fonction, une division organisationnelle , un contrat, une subvention ou une autre activité pour laquelle des statistiques de coûts sont requises et des dépenses sont dépensées est appelée objectif de coût. L'un ou plusieurs des éléments suivants, choisis par le comité pour évaluer la performance de l'entreprise, de la société affiliée et/ou de l'unité commerciale pour une période de performance en termes absolus ou relatifs (y compris, sans s'y limiter, les termes relatifs à un groupe de pairs ou à un indice), Peut être désigné comme une mesure de performance. Ventes, revenus, bénéfices avant intérêts, impôts et autres ajustements (au total ou par action), revenu net de base ou ajusté, rendement des capitaux propres, actifs, capital, revenus ou mesure comparable, valeur économique ajoutée, fonds de roulement, total Retour aux actionnaires et développement de produits, part de marché des produits , recherche, licences , litiges, ressources humaines et informations Autre norme appliquée par le comité). Si le comité en décide ainsi, et dans le cas d'une attribution de rémunération au rendement, dans la mesure permise par la section 162(M) du Code, ajustée pour omettre les effets d'éléments extraordinaires, gain ou perte sur la cession d'un secteur d'activité, inhabituel ou Éléments irrationnels, les mesures de performance peuvent différer d'une période de performance à l'autre et d'un participant à l'autre. Ils peuvent également être établis indépendamment, simultanément ou alternativement.

La formule de paiement fait référence à la formule ou à la matrice de paiement que le comité a créée conformément à la section 3.4 pour déterminer les récompenses réelles (le cas échéant) à verser aux participants pour toute période de performance. D'un participant à l'autre, la formule ou la matrice peut être différente. Le degré de performance attendu du PSS par rapport à un indicateur de performance ou à un volume de service est appelé objectif de performance. « Personne ou entité » désigne toute personne physique, société, partenariat, société, coentreprise ou autre type d'entité juridique singulière ou collective par l'intermédiaire de laquelle une entreprise peut être exercée. Le but fait référence à l'objectif ou au résultat prévu d'un plan correctionnel global ou d' un programme correctionnel communautaire visant à réduire le taux d'engagement en prison, à raccourcir les séjours d'incarcération ou à améliorer l' utilisation d'une prison.

La performance d'autres organisations peut être utilisée pour comparer les objectifs de gestion. Toute subvention aux objectifs de gestion d'un employé couvert doit être basée sur la croissance d'une ou plusieurs des mesures suivantes à des niveaux prédéterminés : un ou plusieurs des critères de performance suivants, appliqués à l'entreprise dans son ensemble, à une unité commerciale ou à une société apparentée , et mesurés annuellement ou cumulativement sur une période de plusieurs années, sur une base absolue ou par rapport à une cible préétablie, aux résultats de l'année dernière, à un groupe de comparaison désigné, dans chaque cas tel que spécifié par le comité dans les critères, sont considérés Critères de performance de qualification.

Chapitre :11

Utilisation accrue des graphiques sociaux dans les affaires

Si vous êtes un utilisateur astucieux des médias sociaux, vous avez probablement déjà réalisé à quel point il est avantageux pour les autres ainsi que pour vous-même d'en savoir plus sur vos connexions sociales via un site comme Facebook. La capacité de Facebook à montrer votre réseau d'amis et les différents niveaux d'amitié prend en charge le partage de toutes vos informations entre vous. Ce "graphique social" permet à d'autres, y compris des tiers, d'adapter les recommandations à vous et à tous les autres. Par exemple, Tripadvisor utilise le réseau social de Facebook pour s'assurer que toutes les évaluations faites par des personnes que vous connaissez apparaissent tout en haut lorsque vous recherchez des avis sur des hôtels, des restaurants et d'autres établissements.

Il n'a pas fallu longtemps aux entreprises de réseaux sociaux pour réaliser que leurs modèles commerciaux devaient vraiment être axés sur ce dernier type de création de valeur. Les premières entreprises comme Myspace ont travaillé pour améliorer les outils disponibles pour les titulaires de compte afin de mieux soutenir leur activité sociale et la gestion de leurs relations. Les réseaux sociaux d' aujourd'hui considèrent les technologies sociales comme un outil de collecte de données plutôt que comme leur résultat final. Avec tout cet engagement des utilisateurs, Facebook en particulier a vu une énorme opportunité de créer une couche d'intelligence de niveau supérieur qui serait utile à d'autres entreprises. Il pourrait fournir à toute personne intéressée par ces utilisateurs les connaissances nécessaires pour les contacter avec des services extrêmement ciblés, car il avait représenté graphiquement les relations et les interactions entre ces utilisateurs . . Pour afficher un réseau social de relations entre entreprises plutôt que de simples individus, disons que vous êtes une entreprise. Cela peut être le cas si vous traitez avec des fournisseurs ou vendez à des entreprises clientes. Chaque entreprise opère à l'intérieur d'un réseau de fournisseurs, de partenaires, de clients, de concurrents et d'autres organisations . Ces réseaux sont désormais appelés « écosystèmes » lorsqu'ils sont discutés. Ne serait-il pas avantageux de cartographier cette zone ?

La prochaine phase de croissance du graphe social, connue sous le nom de « graphe commercial », est maintenant en cours. Les graphiques commerciaux décrivent les connexions entre les entreprises en fonction de leurs interactions réelles capturées numériquement. En outre, ils encouragent le partage d'informations extrêmement pertinentes, similaires à Tripadvisor dans le cas précédent.

CENTRE D'INFORMATION Ce que les entreprises prospères font bien

Bien sûr, les entreprises gèrent actuellement leurs relations commerciales à l'aide d'un logiciel de gestion de la relation fournisseur et client. Ils pourraient être comparés aux réseaux sociaux de la période

Myspace. Les technologies aident les entreprises individuelles à gérer leurs interactions, mais elles ne produisent pas un niveau d'intelligence supérieur pour soutenir la croissance de nouveaux marchés ou la recherche de nouveaux fournisseurs. Ils ne fournissent aucun aperçu des relations d'une entreprise avec d'autres entreprises ou de sa réputation sur la base d'un historique de relations avec les autres. Les graphiques commerciaux permettront aux entreprises de se connecter beaucoup plus facilement en introduisant ce niveau supplémentaire d'informations .Les graphiques commerciaux représentent visuellement trois concepts : les organisations qui composent un écosystème, les connexions entre elles et les réputations qu'elles ont construites via leurs interactions les unes avec les autres. L'affichage du type et de la force des liens entre les organisations est basé sur des données d'interaction réelles, tout comme les graphiques sociaux. Contrairement à un graphe social, un graphe commercial n'oblige pas une société à choisir explicitement de rejoindre un réseau pour qu'il soit représenté. Au lieu de cela, ses relations avec les autres sont souvent déduites d'échanges qui ont été vus par d'autres entreprises .

La principale source de valeur du graphe commercial est sa capacité à représenter la réputation acquise de chaque partie. Le score de réputation d'une entreprise est déterminé par ses performances dans divers partenariats commerciaux.

Considérez Tripadvisor et Yelp, qui ont tous deux recueilli des commentaires sur tant d'expériences de restauration et d'hébergement diverses qu'ils sont désormais en mesure de fournir des scores de réputation et même de développer une couche de réputation complète pour les hôtels et les restaurants. Les graphiques commerciaux, en revanche, utilisent peu les opinions exprimées explicitement (et subjectives) qui sont fournies via des mécanismes sociaux. Au lieu de cela, ils s'appuient sur des mesures implicites de performance et de qualité qui sont systématiquement pondérées dans la notation et peuvent être observées objectivement dans les contacts économiques entre les entreprises. Les expériences universellement méprisées incluent les livraisons tardives, les temps de réponse lents et les défauts de paiement qui font baisser les scores de réputation.

Ces statistiques s'ajoutent aux graphiques commerciaux lorsqu'ils sont combinés dans une industrie, qui peuvent être utilisés par les entreprises pour évaluer la performance de leurs partenariats commerciaux par rapport aux moyennes de l'industrie. Ils aident les gestionnaires à trouver des remplaçants potentiels pour les partenaires et fournisseurs actuels sous-performants. Ils aident également les entreprises à comparer leurs propres performances à celles de leurs concurrents. Passons au potentiel que cela offre au premier créateur du graphique commercial, qui est une version de Facebook spécifique à l'industrie. Cette société établit un avantage solide et durable et se développe en un fournisseur de plate-forme puissant. Certes, le logiciel est facilement reproductible et un nouveau fournisseur de plate-forme peut gagner des utilisateurs en offrant une meilleure expérience utilisateur et une migration des données plus facile. Pourtant, une fois qu'un graphique commercial est créé, de puissants effets de réseau commencent à fonctionner. Il y a un intérêt commun à se consolider sur une seule plate-forme plutôt que de permettre à deux de survivre, car la valeur de l'outil augmente pour tout le monde avec chaque nouveau membre ajouté.

Afin de profiter de cette opportunité, les différents éditeurs de logiciels qui offrent déjà les capacités de gérer les transactions commerciales (telles que les achats et la facturation) agissent rapidement. Grâce à leurs technologies de gestion des flux de travail, des entreprises comme Tradeshift , Procurify et SPS Commerce enregistrent déjà des données d'interaction. Semblable à Facebook, ils comprennent que le logiciel n'est pas le produit final et le considèrent plutôt comme un moyen de rassembler les informations nécessaires pour créer des graphiques commerciaux utiles.

Les premières instances du graphique commercial sont actuellement alimentées par ces sociétés de logiciel en tant que service (SAAS).

Néanmoins, ils ne sont pas les seuls intéressés par cette nouvelle chance. L'intention de l'entreprise d'aller au-delà de la mise en relation des professionnels pour connecter les entreprises est démontrée par le navigateur de vente de Linkedin . Les startups de gestion des flux de trésorerie et de paiement, telles que les applications Square et Pulse, collectent des données de transaction qui peuvent être utilisées pour créer des graphiques commerciaux pour les petites entreprises.

Gardez un œil sur cette zone. L'utilisation de graphiques commerciaux augmentera rapidement dans un monde où les décisions des entreprises sont de plus en plus prises en vue de leurs écosystèmes plus vastes et où les échanges se font à travers les réseaux. Ils sont tenus de construire la couche d'intelligence pour des interactions de marché plus efficaces et des connexions d'entreprise florissantes .

Chapitre :12

Plateformes de médias sociaux dans le monde

Les plateformes de médias sociaux prennent en charge l'exposition et la portée de la marque, l'engagement du public et la collecte de données pertinentes sur les clients et les rivaux.

Et il existe de nombreuses autres plates-formes disponibles en ce moment. Lesquels devraient attirer le plus d'attention ?

Vous allez bientôt apprendre . Les 28 meilleurs sites de médias sociaux dans le monde, classés par utilisateurs actifs mensuels, sont présentés ci-dessous. Et comment les appliquer à votre entreprise.

Quel réseau de médias sociaux est le plus populaire ?

Le site de médias sociaux le plus utilisé est Facebook, qui appartient à Meta et compte 2,9 milliards de membres actifs mensuels (Maus). Ceci décrit les visiteurs spécifiques qui visitent votre site Web au cours d'un mois particulier.

En réalité, au premier trimestre 2022, il y avait un total de 1,2 milliard d'utilisateurs de méta-produits sur Facebook, Messenger, Instagram et Whatsapp .

Passons maintenant à la liste complète.

176

Meilleures plateformes de médias sociaux en 2022

Voici notre liste complète des 28 meilleurs sites de médias sociaux, classés par Maus .